Début d'une série de documents
en couleur

CONFÉRENCE DE LA SOCIÉTÉ CHIMIQUE DE PARIS

NICOLAS LEBLANC

ET

LA SOUDE ARTIFICIELLE

PAR

M. SCHEURER-KESTNER

EXTRAIT DE LA *REVUE SCIENTIFIQUE*
du 28 mars 1885.

PARIS

BUREAU DES DEUX REVUES

111, BOULEVARD SAINT-GERMAIN

REVUE POLITIQUE & LITTÉRAIRE

(Revue bleue, 3ᵉ série)

Directeur : M. Eug. YUNG

REVUE SCIENTIFIQUE

(Revue rose, 3ᵉ série)

Directeur : M. Ch. RICHET

VINGT-DEUXIÈME ANNÉE — 1885

Chaque livraison paraissant le samedi matin contient 64 colonnes de texte

---

TIRAGE : 12,000 EXEMPLAIRES

Prix de la livraison : **60** centimes

Prix d'abonnement :

CHAQUE REVUE PRISE SÉPARÉMENT

	Six mois	Un an
Paris	15 fr.	25 fr.
Départements	18	30
Étranger	20	35

LES DEUX REVUES ENSEMBLE

	Six mois	Un an
Paris	25 fr.	45 fr.
Départements	30	50
Étranger	35	55

L'abonnement part du 1ᵉʳ juillet, du 1ᵉʳ octobre, du 1ᵉʳ janvier et du 1ᵉʳ avril de chaque année

---

ADMINISTRATION ET RÉDACTION

PARIS, 111, boulevard Saint-Germain

Paris. — Typ. A. Quantin.

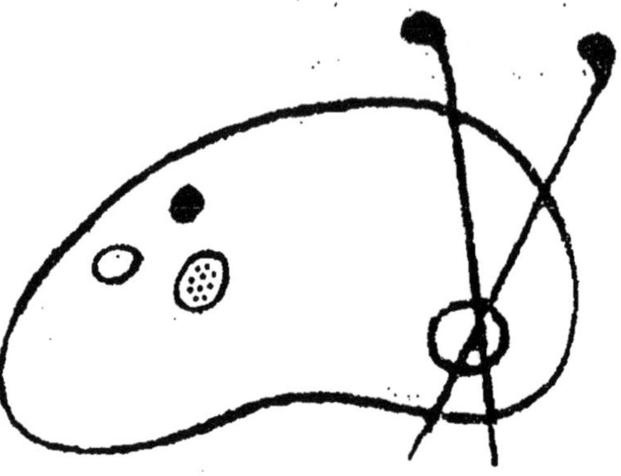

Fin d'une série de documents
en couleur

NICOLAS LEBLANC

ET

LA SOUDE ARTIFICIELLE

Par M. SCHEURER-KESTNER

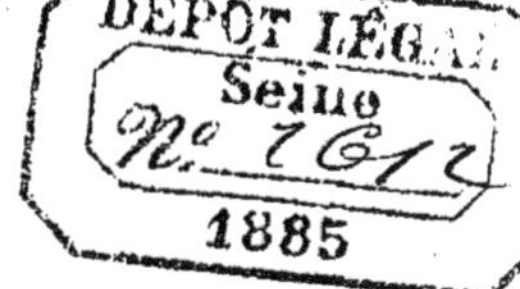

Mesdames, messieurs,

L'hospitalité que nous offre la Société d'encouragement à l'industrie nationale m'est particulièrement précieuse aujourd'hui; elle ramène forcément nos souvenirs vers les origines dê cette Compagnie. Il y a quatre-vingts ans, elle venait de traverser la première période de sa vie; ses ressources étaient encore peu considérables, lorsqu'un homme, poussé par la détresse, lui demanda de venir à son secours. Vauquelin et Guyton-Morveau l'appuyèrent auprès de la Société, qui n'hésita pas à lui confier le fruit de ses premières économies.

Quel était donc l'homme assez remarquable pour mériter un pareil honneur? Quelle était son infortune, assez grande pour justifier la générosité de la Société?

L'homme s'appelait Nicolas Leblanc. Son infortune immense était le résultat d'une vie tout entière consacrée à la patrie et brisée par la misère et le désespoir.

Le nom de Leblanc n'éveille aucun souvenir dans la mémoire des gens du monde; il existe bien, il est vrai, depuis quelque vingt ans, à Paris, et grâce à l'initiative de J.-B. Dumas, une rue de ce nom ; et, à Lille, une avenue qui doit sans doute à Kuhlmann d'avoir reçu le même baptême; mais sait-on seulement ce qu'a fait ce Leblanc, quel il est, quand il a vécu, quels services il a rendus? Qui donc, en dehors des gens du métier, apprécie l'œuvre de ce bienfaiteur de l'humanité, comme l'ont appelé Dumas et Hofmann? et, même parmi les plus éclairés, combien sont-ils, ceux qui connaissent le dévouement sans bornes que cet homme a mis au service de son pays?

Et cependant Nicolas Leblanc, savant distingué, chercheur sagace, doué du génie de l'application des sciences à l'industrie, est l'inventeur de la soude artificielle, découverte que J.-B. Dumas comparait à celle de la machine à vapeur. « S'il s'agissait, disait-il dans un mémoire lu à l'Académie des sciences le 23 juillet 1883, d'ouvrir un concours et de reconnaître quel est celui des deux inventeurs, Watt ou Nicolas Leblanc, dont l'influence a été le plus considérable dans l'accroissement du bien-être de l'espèce humaine, on pourrait hésiter. Toutes les améliorations touchant aux arts mécaniques dérivent, il est vrai, de la machine à vapeur ; mais tous les bienfaits se rattachant aux industries chimiques ont trouvé leur point de départ dans la fabrication de la soude extraite du sel marin. »

L'auteur de cette découverte, appréciée dans les termes que vous venez d'entendre par l'un des savants les plus compétents qui se puissent rencontrer, a d'autres titres encore à notre reconnaissance. Leblanc fit le sacrifice de son invention à la *patrie en danger*, renonçant à la fortune qu'elle lui assurait ; il en abandonna généreusement le bénéfice à la nation, et, resté pauvre, il exerça, à l'une des époques les plus troublées et les plus douloureuses de notre histoire révolutionnaire, alors que l'étranger foulait le sol de notre pays (ce sont des douleurs que nous savons tous mesurer, car nous les avons éprouvées, et nous les éprouvons encore), il exerça, dis-je, des fonctions difficiles et délicates que son ardent patriotisme lui avait fait accepter avec un désintéressement absolu.

Tout cela a été oublié, méconnu, ignoré, jusqu'au jour où la piété filiale est venue, pour ainsi dire, rappeler la France à son devoir.

La destinée est souvent cruelle aux hommes qui s'oublient eux-mêmes. En dépit des qualités généreuses qui distinguent une nation comme la nôtre, l'ingratitude vient quelquefois l'aider dans son œuvre, et Nicolas Leblanc a connu toute notre ingratitude. Sa vie fut un long martyre; il en goûta toutes les amertumes : il en subit toutes les épreuves, et s'il eut, un jour, la preuve de l'estime dont il était entouré quand ses concitoyens le nommèrent membre du conseil des Anciens, et l'espoir de voir arriver enfin l'heure de la justice, son illusion ne fut pas de longue durée : la misère et le désespoir vinrent couronner sa noble carrière. A l'âge où les plus vaillants commencent à ressentir le besoin d'un repos entouré des douceurs de la famille, Nicolas Leblanc, sans ressources, sans avenir, sans espoir, fou de douleur, céda devant les assauts de la fortune et se donna la mort.

Nous avons à sauver sa mémoire de l'oubli et à réparer, dans la mesure de nos forces, cette injustice du sort et des hommes. C'est une mission à laquelle notre grand Dumas s'était dévoué il y a plus de vingt ans, quand il fit, en 1856, un rapport à l'Académie des sciences, dans lequel il établit péremptoirement les titres de Nicolas Leblanc à la reconnaissance de la postérité. Mais il y a deux ans, à peine, que cette œuvre est entrée dans la voie de l'exécution. La ville d'Issoudun qui, par erreur, s'attribuait la gloire d'avoir vu naître Leblanc, décida, en 1883, d'élever un monument en son honneur. Dumas s'empara de cette idée avec empressement, en fit part à l'Académie des sciences : un comité, renfermant nos chimistes les plus éminents, fut chargé de sa mise à exécution ; mais il était dit que l'infortune poursuivrait Leblanc jusqu'au delà de sa mort. Dumas nous fut enlevé au moment même où le comité allait entrer en fonctions. Cependant l'œuvre était fondée, et nous sommes à la veille d'en recueillir les fruits. Grâce à la piété filiale du petit-fils de Nicolas Leblanc, nous pourrons, ce soir, en nous guidant sur le volume qu'il a consacré à son aïeul, suivre pas à pas la vie d'un grand patriote auquel nous devons l'une des gloires de notre pays. J'espère qu'après avoir entendu le récit de ses travaux et de ses infortunes, vous nous aiderez à élever à sa mémoire un monument chargé de transmettre à la postérité le témoignage d'une réparation éclatante, quoique tardive ; je dis un monument, et non une tombe ; la sépulture de Nicolas Leblanc est perdue ; ses cendres ont été enlevées par le vent, comme l'avait été sa renommée.

Vous n'oublierez pas qu'une nation qui honore ses grands hommes s'honore elle-même, et vous ne voudrez pas que, dans quelques années, on puisse répéter ce qu'écrivait, hélas ! avec tant de justice, mon ami M. le professeur Hofmann, après l'exposition de Londres de 1862 :

« Le rapporteur sent qu'il n'est que l'organe d'un sentiment universel, en offrant ici le tribut d'un hommage plein de reconnaissance à la mémoire impérissable de Leblanc et l'expression de la douleur, non exempte de honte, inspirée par son malheureux sort. »

Il ne faut pas qu'on puisse répéter cette phrase sans y ajouter que la postérité, plus juste, a donné à l'hommage une forme digne de l'homme et digne d'elle-même.

Nicolas Leblanc est né en 1742, à Ivoy-le-Pré, arrondissement de Sancerre, dans la partie du Berry qui appartient au département du Cher. Son père occupait le modeste emploi de conducteur des forges d'Ivoy, mais il fit donner à son fils l'instruction nécessaire à cette époque pour devenir chirurgien. Leblanc exerça, en effet, la chirurgie pendant quelque temps, et c'est à ce titre qu'il fut attaché à la maison du duc d'Orléans. Cependant il était travaillé par l'esprit de recherche et tourmenté du désir d'arracher à la nature ses secrets. Ses premiers travaux scientifiques portèrent sur la cristallotechnie et furent appréciés par le monde savant.

En 1786, Nicolas Leblanc adressa à l'Académie des sciences son premier mémoire, qui fut confié à l'examen de Darcet, Berthollet et Haüy. « Le mémoire de M. Leblanc, disent les rapporteurs, annonce un observateur attentif et éclairé. » Depuis ce moment, les travaux de Leblanc se succèdent, et leur valeur s'accroît avec leur nombre.

En 1787, l'Académie des sciences, voulant soustraire notre pays au lourd tribut de plus de 30 millions de livres par an qu'il payait à l'étranger, et surtout à l'Espagne, pour la fourniture de la soude extraite de certains végétaux, fonda un prix qui devait être décerné à celui qui trouverait le moyen de l'extraire du sel marin.

L'Académie demandait un procédé pratique et offrait, au concours, une somme de 12 000 francs. Nicolas Leblanc se mit aussitôt à l'œuvre, et, deux ans plus tard, en 1789, après bien des tâtonnements et des études, il finit par trouver le procédé de l'extraction de la soude du sel ordinaire. Il se rendait parfaitement compte de l'importance de sa découverte et de l'essor qu'allaient en recevoir toutes les industries tributaires de la soude; car dès l'année suivante, en 1790, il prit le soin d'en déposer la description entre les mains d'un notaire. Le duc d'Orléans, alors en Angleterre, s'était intéressé aux recherches de son chirurgien et lui avait avancé quelques sommes d'argent employées pour les frais des premières expériences. Dès que l'inventeur fut sûr de sa découverte, le prince consentit, moyennant une association dont les clauses sont relatées dans un traité en due forme, à fournir les premiers fonds destinés à la construction d'une usine à Saint-Denis. Mais il avait, au préalable, demandé l'avis de Darcet, qui fut chargé de prendre connaissance du pli cacheté déposé chez le notaire. Le rapport de Darcet déclare en quelques lignes que le procédé décrit lui est connu, Leblanc ayant fait ses expériences sous ses yeux, et qu'il donne un moyen facile d'obtenir, non seulement la soude, mais aussi le sel ammoniac.

Le 27 janvier 1791, une association de trois personnes fut formée dans le but d'exploiter le nouveau procédé, entre le duc d'Orléans représenté par Shée, Leblanc et Dizé. Ce dernier apportait à l'association un procédé de préparation du blanc de plomb qui nous paraît curieux. Dizé dissolvait le plomb dans l'acide azotique et précipitait le métal à l'état de sulfate. Le nouveau blanc de plomb se composait donc de sulfate de plomb obtenu par un procédé qui serait aujourd'hui des plus coûteux et qui ne pourrait certainement pas rivaliser avec celui qui procure la céruse, substance très supérieure au sulfate dans tous ses emplois. La présence de Dizé dans cette association n'avait d'autre raison que la préparation du blanc de plomb nouveau ; Dizé n'était pour rien dans la découverte de la soude artificielle. L'association s'était assuré la propriété du procédé Leblanc par la prise d'un brevet qui fut le quatorzième délivré, le 19 septembre 1791, en vertu de la loi sur les brevets votée tout récemment par l'Assemblée constituante. Le brevet de Leblanc appartenait aux *brevets secrets ;* il lui avait été délivré à la suite d'un rapport de Darcet, Desmarets et de Servières, dont voici les conclusions :

Après avoir scrupuleusement examiné la méthode employée par le sieur Leblanc pour l'extraction de la soude par la décomposition en grand du sel marin, nous avons reconnu que l'invention était différente et très supérieure à tout ce qui, jusqu'à ce jour, était parvenu à notre connaissance... que, considérant les avantages qui doivent en résulter pour l'approvisionnement de nos savonneries, glaceries et quantité d'autres manufactures et arts qui, jusqu'ici, ont été forcés de tirer à grands frais leur soude de l'étranger d'être dans une continuelle dépendance pour leur approvisionnement tant pour les prix que par rapport aux qualités, et que la nation exporte annuellement une somme énorme en numéraire pour cet objet; tandis que les procédés de Leblanc, en faisant valoir l'emploi du sel national, assurent à la soude un prix à peu de chose près toujours le même et une quantité de soude constamment au même degré de pureté; nous estimons que la découverte du sieur Leblanc, par toutes les raisons politiques et commerciales, mérite les encouragements de la nation française, et que le secret de sa découverte doit être soigneusement gardé.

En 1793, l'usine construite à Saint-Denis fabriquait 250 kilogrammes par jour, quantité bien peu importante aujourd'hui que les moindres usines en produisent cinquante fois et les grandes fabriques cent et deux cents fois autant, mais quantité qui indique bien que le procédé était en pleine exploitation et fournissait des résultats réguliers.

L'affaire était donc en bonne voie. Leblanc pouvait envisager l'avenir avec confiance, quand la mort de Philippe-Égalité, exécuté le 6 novembre 1793, vint apporter le trouble dans ses espérances et arrêter le travail de l'usine. L'établissement fut considéré comme étant la propriété du duc d'Orléans, et mi-

sous sequestre ; Leblanc, dépouillé de sa fabrique, fit encore, par patriotisme, le sacrifice de son procédé, sacrifice qui aurait pu servir grandement les intérêts de la France, mais qui lui fut rendu inutile, et même nuisible, par l'impéritie ou peut-être la faiblesse du Comité de salut public. Le 13 pluviôse an II, Shée, représentant les intérêts du défunt duc d'Orléans, écrit à Leblanc la lettre suivante :

Je viens de lire dans la feuille intitulée le *Moniteur*, en date d'hier, que tous les républicains, possesseurs de quelque secret ou procédé pour la fabrication de la soude par la décomposition du sel marin, étaient invités à en faire part au Comité de salut public, section des armées, parce que la patrie pouvait en retirer des avantages précieux pour ses moyens de défense.

J'imagine que tu es parfaitement au fait de cette affaire, et ton patriotisme t'aura suggéré sur-le-champ, j'en suis sûr, le sacrifice de ton secret, fruit de tes longues et laborieuses recherches. .

Néanmoins, réfléchissant que ta délicatesse pourrait te présenter quelques scrupules dans l'entreprise de la fabrication de la soude, je m'empresse de t'assurer pour ma part que, de tout mon cœur, je consens et même t'invite, s'il en était besoin, à révéler à la nation tout ce que tu sais sur cet important objet. Je suis persuadé que le citoyen Dizé trouvera dans son civisme tous les motifs nécessaires pour approuver cette démarche ; au reste, tu es à portée d'en conférer avec lui. Mais, quant à ce qui regarde mon intérêt personnel, je m'en rapporte entièrement à tout ce que te dicteront ta prudence et ta probité.

Je fais des vœux bien sincères pour que ton secret ait la gloire de contribuer d'une manière grande et efficace au salut de la patrie.

Leblanc avait donc fait à la nation l'abandon de son procédé. Le Comité de salut public aurait dû le réserver à la nation française seule, en faire garder le secret le plus absolu ; ne le livrer qu'à des mains sûres ; le faire exploiter par Leblanc lui-même, et au nom de la nation, dans cette usine de Saint-Denis qui avait coûté tant d'efforts à fonder. Ainsi il aurait répondu, comme il l'aurait dû, au généreux abandon de Leblanc ; il aurait agi avec une vraie intelligence des intérêts nationaux. Au lieu de cela, le Comité de salut public eut le tort de donner au procédé de Leblanc la plus large publicité. En exécution d'un arrêté du Comité de salut public du 8 pluviôse an II, la publication en eut lieu dans une brochure imprimée à l'imprimerie du Comité de salut public, et les nations étrangères furent en mesure de profiter immédiatement de la force que l'invention de Leblanc mettait à leur disposition.

Voici donc Leblanc privé non seulement de l'instrument de travail créé par son génie, mais assistant à l'exploitation de ses longues et pénibles recherches par ceux-là mêmes contre lesquels on lui avait demandé d'abandonner ses privilèges. Il dut en ressentir une amère déception. Mais il avait l'âme trop haute pour que son patriotisme en ressentît les atteintes. Privé de ses modestes émoluments de 4000 francs par an qui lui étaient assurés par l'association de Saint-Denis, il fut, à partir de ce moment, aux prises avec les difficultés matérielles de la vie. Néanmoins il fit toujours grand honneur aux différentes missions dont l'exécution lui fut confiée par le gouvernement.

Il fut successivement administrateur du département de la Seine (1792), commissaire pour l'amélioration de l'arsenal en mission à l'École militaire. Ses rapports, datés de 1793 et 1794, sont aussi nombreux que variés et attestent la compétence que Nicolas Leblanc s'était acquise en toutes les matières qui, de près ou de loin, touchaient à ses connaissances scientifiques. Salubrité et hygiène publiques, assistance publique, travail commandé sur les machines à filer le coton, sur un atelier de constructions navales, sur l'organisation de la police civile et militaire; membre de commissions chargées d'étudier l'établissement d'un canal devant conduire à l'arsenal ; la réunion à l'Hôtel-Dieu des bâtiments de l'évêché ; la multiplication des hôpitaux ; tels furent les travaux qui occupèrent Leblanc pendant ces deux années; fonctions gratuites dont il s'acquitta avec un désintéressement sans bornes. Les seules fonctions rétribuées qu'il remplit jamais furent celles de régisseur des poudres et salpêtres en 1794.

A cette même époque, il fut appelé à faire partie de la commission temporaire des arts, où il rencontra comme collègues Vauquelin et Berthollet. Cette commission, créée par le Comité de salut public, devait s'enquérir des besoins de la nation en matière d'instruction publique, d'arts, de science, d'industrie, d'inspecter les bibliothèques départementales, de rechercher les moyens de tirer parti des richesses minières de la France.

La place de Leblanc y était marquée ; il l'occupa d'une manière distinguée en y prodiguant les qualités de l'homme de science et du citoyen que nous lui connaissons. Dès ses débuts, il fut chargé d'une mission à laquelle il procéda certainement avec une poignante douleur. Lavoisier avait été exécuté le 8 mai 1794. Le grand homme avait payé de sa vie les fonctions de fermier général remplies sous l'ancien régime ; son laboratoire, confisqué au profit de la nation, devait être inventorié par la commission temporaire des arts. Leblanc fut désigné par elle pour y procéder. Avec quel serrement de cœur le commissaire remplit cette mission, avec quels regrets patriotiques il dut énumérer les témoins des travaux immortels du fondateur de la chimie moderne, c'est ce dont nous pouvons nous rendre compte en lisant la page suivante trouvée dans les papiers de Leblanc par son petit-fils. Il s'y mêle aux douleurs du citoyen une mâle énergie qui donne foi dans l'avenir et laisse même entrevoir le moyen de l'assurer.

Je conviendrai que l'instruction publique, seul moyen de rendre bons une partie des membres d'une grande société, aura nécessairement, tôt ou tard, des bases stables et un exercice plus assuré; alors il nous sera permis d'espérer que, dans chaque partie des sciences exactes et politiques, un nouveau génie viendra rassembler les matériaux et élever un édifice. C'est ce génie d'ordre, de constructeur, qu'il est difficile de rencontrer, et qui, dans le cerveau de Lavoisier, créa la chimie moderne, à laquelle nous sommes déjà grandement redevables, et qui nous prépare encore de nouvelles découvertes et des réformes importantes.

Vous êtes peut-être étonné de m'entendre parler ainsi de l'influence des sciences exactes sur les mœurs, le régime et les habitudes sociales d'un pays. Mais concevez-vous la possibilité d'établir de la rectitude dans les idées sans le secours de ces mêmes sciences? de s'entendre parmi les hommes qui n'ont point acquis cette rectitude? Pour moi, pauvre diable, qui n'ai rien appris que par le commerce ordinaire du monde, et dans une classe malheureusement bornée et surchargée, j'ai cependant compris que la vérité seule, celle qui était susceptible d'une démonstration rigoureuse, était capable de fixer notre conduite et de nous rendre bons.

Ce langage est l'expression élevée de la philosophie du XVIIIe siècle, dans ce qu'elle renferme de plus moderne; Leblanc s'y montre le disciple des grands esprits qui ont préparé nos voies, disciple inspiré par l'amour éclairé de son pays et servi par une culture de l'esprit peu commune.

L'inventaire du laboratoire de Lavoisier, dressé par Leblanc, nous a été conservé.

La pièce porte la date du 19 brumaire de l'an III.

Je ne vous en donne pas lecture, les courts instants dont nous pouvons disposer ne m'en laissent pas le loisir. Mais il est intéressant au plus haut point d'y retrouver les traces des travaux les plus mémorables de Lavoisier. J'y recueille quelques citations.

A côté de vases, ustensiles et appareils de toute espèce et de quelques composés chimiques, très rares à cette époque, et qui sont aujourd'hui des plus communs, comme le phosphore, dont Lavoisier possédait 1 livre environ, évaluée par Leblanc à la somme de 50 livres, l'acide aciteux (*sic*), la potasse, l'acide sulfurique, etc., on y trouve 60 livres d'oxyde rouge de mercure, 150 livres de manganèse, une forte cornue en fonte, en deux pièces, qui rappellent les mémorables expériences de Lavoisier sur l'oxygène, et tout un appareil désigné sous le nom d'hydro-pneumatique et qui a servi aux études du grand chimiste sur les corps gazeux.

Dans la pièce du fond, est-il dit dans le procès-verbal, une cuve à expériences hydro-pneumatiques dont le fond est en cuivre verni et monté sur un châssis de bois, cette cuve ayant 4 pieds de long, 2 pieds de large et 14 pouces de profondeur, garnie de deux tablettes et supports en cuivre étamé. Deux cuvettes en marbre qui paraissent avoir été appropriées aux expériences au mercure.

C'est en 1795 que Leblanc accomplit sa mission la plus importante. Il fut délégué par la commission temporaire des arts dans les départements du Tarn et de l'Aveyron, afin d'y faire renaître l'exploitation des mines dont celles d'Alun, à Saint-Georges, attirèrent surtout son attention. Après y avoir séjourné pendant treize mois, il en revint dans une profonde détresse, n'ayant pas été indemnisé de ses frais de voyage. On refusa même de lui payer les 5000 livres qui lui avaient été promises pour son travail. Victime constante de son dévouement, d'une abnégation qui lui faisait négliger ses intérêts les plus légitimes et les besoins pressants de sa famille, Nicolas Leblanc était d'une modestie contre laquelle protestaient en vain ses talents et ses connaissances étendues. Pendant sa mission dans le Tarn, il s'était attiré les sympathies des habitants de ce département. La ville d'Alby possédait une chaire de professeur d'histoire naturelle. Les amis de Leblanc se préoccupaient des moyens de lui être utiles au milieu des difficultés matérielles auxquelles il était en butte, et lui offrirent avec insistance la chaire de l'École centrale. Il répond, en date du 5 frimaire an V :

Ma situation est bien décourageante ; j'avais jusqu'ici conservé l'espérance de pouvoir apprendre à mes amis qu'enfin le sort avait cessé d'exercer contre moi les rigueurs que je supporte depuis si longtemps... mais la chaire d'histoire naturelle exige des connaissances profondes qui ne sont pas à ma portée.

Leblanc fit, en 1798, des études remarquables sur le nickel, que Cronstedt avait découvert depuis peu. Il améliora le procédé de préparation et la purification de ses sels, et parvint à opérer la séparation à peu près complète des métaux et de l'arsenic qui accompagnent ce métal dans le kupfernickel. On trouve dans le cours de ces expériences une observation bien curieuse, qui semble nouvelle à cette époque ; je veux parler de la précipitation du cuivre par le fer. Voici, du reste, ce qu'en dit Leblanc lui-même dans son mémoire :

Il me reste à parler du procédé qui m'a toujours réussi pour découvrir bien sûrement le cuivre par l'immersion de lames de fer dans la dissolution. Il suffit, après les avoir laissé séjourner pendant quelques moments, de les agiter dans de l'eau pure ; de quelque manière que le phénomène s'opère, il résulte de cette lotion que le cuivre réduit s'attache au fer et que toutes les parties qui ne sont pas du cuivre et qui s'opposeraient à son apparition, restant solubles, en sont séparées et le laissent absolument à découvert.

Mais le travail le plus remarquable de Leblanc est celui qu'il fit sur les matières fertilisantes et l'utilisation des eaux vannes comme engrais. Il fut certainement poussé vers ces études par les fonctions qu'il avait remplies au département de la Seine, six fois de suite, et pendant lesquelles il eut à s'occuper de questions d'hygiène et de salubrité. Mais Leblanc était, en outre, un philanthrope, et son esprit se plaisait à des travaux qui donnaient satisfaction à la fois à ses besoins scientifiques et à ses sentiments humanitaires. Son mémoire est des plus remarquables, à en juger par le rapport de Fourcroy et Vauquelin, dont il fut l'objet.

En effet, Vauquelin et Fourcroy constatent que Leblanc a démontré l'influence prédominante de l'ammoniaque et des sels ammoniacaux dans le résidu des déjections employé comme engrais.

M. Leblanc établit comme chose certaine, disent les conclusions du rapport, que l'ammoniaque et même les sels ammoniacaux, seuls résultats en grande partie de la décomposition des substances animales, sont principalement ceux qui, dans les fumiers, agissent comme engrais.

Le résidu évaporé des matières fécales contenant des sels ammoniacaux doit, par cela même, produire un excellent engrais.

Les vannes, les urines et autres fluides de cette espèce, contenant aussi beaucoup de sels ammoniacaux, et étant par conséquent susceptibles de fournir une grande quantité d'ammoniaque, ne doivent pas être perdus ; mais on doit les recueillir pour les faire servir à la fabrication du muriate d'ammoniaque, dont l'usage dans les arts est aujourd'hui très étendu.

Leblanc paraît avoir trouvé des procédés sûrs et économiques pour obtenir de ces fluides le produit ammoniacal qu'ils contiennent.

..... Leblanc a contribué à éclairer la théorie des engrais, et d'autre part, a prouvé la possibilité d'utiliser des matières qui sont toujours abandonnées et causent beaucoup de tourment lorsqu'il s'agit de s'en débarrasser.

Au moment où Leblanc faisait ces expériences, qui ont tracé la voie à suivre pour l'utilisation des eaux vannes, il ne se doutait pas que sa première invention, celle de la soude artificielle, exercerait sur l'agriculture une action autrement importante. C'est à l'invention de la soude artificielle, à l'emploi qu'elle demande de grandes quantités d'acide sulfurique, que nous sommes redevables des premières fabriques de cet acide. La fabrication de l'acide sulfurique, si considérable aujourd'hui, qui est devenue la base de toute l'industrie chimique, au point que la quantité produite dans un pays peut servir de criterium à son développement industriel, cette fabrication est née dans les fabriques de soude. C'est en vue de la production de la soude que les chambres de plomb ont été installées avec tous leurs accessoires; et, si l'industrie des engrais existe aujourd'hui sur la vaste échelle que nous connaissons, c'est à l'invention de Leblanc qu'elle le doit; elle repose avant tout sur la fabrication du superphosphate de chaux préparé par l'action de l'acide sulfurique sur les phosphates naturels.

Leblanc fit encore dans cette même année 1798 plusieurs travaux sur la cristallotechnie. Voici, du reste, la liste de ses principales publications qui, toutes, dénotent chez leur auteur une capacité singulière d'appliquer la science à l'industrie ou aux besoins de la vie :

Mémoire sur la mise en œuvre de tous les métaux dans le département de la Loire.

Mémoire sur les moyens d'augmenter la fabrication des armes.

Mémoire sur un nouveau système de peinture pour la conservation des bois.

Mémoire sur un moyen d'extraire le charbon de la tourbe et rapport sur l'exploitation d'une tourbière.

Mémoire sur un enduit de bitume pouvant être appliqué sur des feuilles de carton et pouvant servir de couverture à des constructions légères.

Plusieurs articles dans les *Annales des arts et manufactures* sur l'industrie de la soude, la purification du carbonate, son emploi dans les verreries et le blanchiment, etc.

Nous avons terminé l'examen de la carrière scientifique de Nicolas Leblanc; il me reste à vous retracer les dernières années de sa vie, années si pénibles, qui nous montrent un exemple singulièrement attristant de l'ingratitude des hommes.

En l'an VI, Nicolas Leblanc ayant réuni 317 suffrages, est proclamé second député par le département de Paris, section de Saint-Denis et il va prendre place au Conseil des Anciens (1). C'est la seule récompense qu'il

(1) Sur la foi du biographe de Leblanc, M. Anastasi, son petit-fils, j'ai cru et dit que Leblanc avait siégé au Corps législatif de l'an VI (Conseil des Anciens). Mais n'ayant pas trouvé son nom à l'*Almanach national* des ans VI et VII, des doutes sur l'authenticité de ce fait ont surgi chez moi. J'ai demandé à M. Anastasi sur quels documents il s'était appuyé. M. Anastasi m'a indiqué un procès-verbal d'élections, se trouvant aux Archives nationales et qui lui avait été communiqué. Ce procès-verbal, qui m'a été communiqué également, constate, en effet, qu'aux élections du 28 germinal an VI, l'assemblée électorale tenue au ci-devant Oratoire, sous la présidence de Génissieu, a élu membres du Conseil des Anciens, Nicolas Leblanc, Monge, Biauzat, Gohier, Roger Ducos, Sijas et Dupuch.

L'élection de Nicolas Leblanc au Conseil des Anciens par 317 voix sur 363 votants paraissait donc bien établie.

Mais des recherches que j'ai faites il résulte qu'une autre assem-

rencontra jamais dans le cours de sa carrière; il dut penser que cette élection lui permettrait enfin d'obtenir la justice qui lui était due et de rentrer en possession de son usine. Mais, malgré les situations considérables qu'il avait occupées, malgré ses fonctions administratives, en dépit de sa position politique, Leblanc est toujours resté sans influence. Ses réclamations réitérées, ses sollicitations pressantes restèrent sans effet. Cependant, le 9 ventôse an VII (1799), le ministre de l'intérieur lui accorde à titre de récompense nationale la somme dérisoire de 3000 francs. La détresse de Leblanc était si grande qu'il accueillit avec satisfaction la décision ministérielle; mais, comme nous l'avons constaté dans le cours de cette lamentable histoire de sa vie, le sort avait dès longtemps désigné Leblanc comme une victime destinée à défier toute comparaison avec les hommes les plus déshérités. Sur les 3000 francs

blée électorale, scissionnaire, comme il s'en était formé un certain nombre dans les départements, s'est tenue, au même moment, à l'Institut national. Les opérations de l'assemblée scissionnaire de l'Institut ont été validées, tandis que celles de l'assemblée mère de l'Oratoire ont été annulées, comme le constatent les procès-verbaux imprimés des séances du Conseil des Cinq-Cents, séance du 17 floréal an VI (p. 440 des procès-verbaux).

L'élection de l'Institut fut validée, et celle de l'Oratoire annulée au Conseil des Anciens, conformément à la décision du Conseil des Cinq-Cents, à la séance du 18 floréal (procès-verbaux imprimés du Conseil des Anciens, 18 floréal an VI, p. 287).

Le 19 floréal, le Conseil des Cinq-Cents, à la suite de l'envoi d'un message du Directoire exécutif, annula, en bloc, toutes les décisions antérieures à l'égard des élections du 18 germinal, et en soumit les opérations à un nouvel examen, à la suite duquel les élections faites à Paris, à l'Institut, furent validées une seconde fois et celles de l'Oratoire annulées.

Le 22 floréal, le Conseil des Anciens, saisi de la même question, confirma le vote du Conseil des Cinq-Cents (procès-verbaux, p. 347 et 363). Les élus de l'Institut furent proclamés et par conséquent l'élection de Leblanc, faite à l'Oratoire, fut définitivement invalidée.

Les élus proclamés membres du Conseil des Anciens étaient : Le-

*

il n'en reçut jamais que 600, et, en présence de ses réclamations et des rappels qu'il adressait au ministre, il reçut une de ces réponses banales dont le ton ne jure pas avec celles que nous sommes quelquefois exposés à recevoir, aujourd'hui encore, à propos de démarches moins justifiées et de situations certainement beaucoup moins intéressantes. Le ministre Quinette lui répond donc, en date du 24 messidor :

> Je prends, citoyen, le plus grand intérêt à votre situation ; mais, quelle que soit ma bonne volonté, l'état des finances ne me permet pas de vous faire compter de suite la somme qui vous reste due. Je désire, citoyen, que les circonstances deviennent plus favorables. Je n'oublierai pas les titres que vos travaux vous donnent à la bienveillance de la République.

L'année suivante, Leblanc, s'étant adressé au Direc-

noir-Laroche, Rousseau, membre actuel du Conseil des Anciens, pour trois ans ; Rivaux et Albert, juge au tribunal de cassation, pour deux ans ; Huguet, président de la 4e administration municipale de Paris, Gorneau, Arnould, pour un an. Cette décision a été définitive.

L'erreur de M. Anastasi est très explicable. Dans plusieurs circonstances, notamment dans une lettre adressée au ministre de l'intérieur, en 1805, Leblanc a rappelé qu'*il avait été nommé avec Cambacérès, l'an VI, au Corps législatif*. C'était, sans doute, pour lui, une recommandation auprès du ministre, à cause de la grande situation politique qu'avait prise Cambacérès, que de rappeler qu'il avait été associé avec ce dernier dans les luttes politiques sous le Directoire. Mais nulle part Leblanc ne laisse entendre qu'il a siégé au Corps législatif ; il se borne à dire qu'il a été nommé, et, comme nous l'avons vu, sa nomination à l'assemblée électorale de l'Oratoire, qui était l'assemblée électorale légale, non scissionnaire, avait été réelle. Son petit-fils, devant la déclaration répétée de Leblanc, s'est adressé aux archives, où l'on a trouvé le procès-verbal de l'assemblée de l'Oratoire ; il semblait donc qu'il ne subsistât aucun doute, et M. Anastasi pouvait se regarder comme autorisé à dire que son aïeul avait fait partie du Conseil des Anciens.

L'échec de Leblanc, dans cette circonstance, est une infortune de plus ajoutée à toutes les autres qui l'ont assailli pendant sa vie.

toire, reçut une réponse analogue quant aux 2400 fr. qui lui étaient dus ; le ministre ajoutait qu'il soumettait au ministre des finances la question relative à l'usine de Franciade (c'était alors le nom de Saint-Denis). Mais le temps passait, et les besoins de Leblanc et de sa famille subsistaient et augmentaient. Des démarches, appuyées par Fourcroy en l'an IX, donnèrent lieu à une lettre adressée par Leblanc à Chaptal, alors ministre (décembre 1801). Elle est digne de vous être lue tout entière, car elle est touchante au plus haut degré et résume admirablement la vie si bien remplie de son auteur.

16 frimaire an IX.

Citoyen ministre,

Par votre lettre du 11 de ce mois, vous me demandez des renseignements sur les 3000 francs qui m'avaient été accordés et dont le citoyen Fourcroy a bien voulu vous parler. Vous savez que le gouvernement fit imprimer, en l'an III, le rapport de ses commissaires, les citoyens Darcet, Pelletier et Lelièvre, sur différents moyens d'extraire la soude des sels neutres qui la contiennent ; que mon procédé, au mépris des engagements que j'avais contractés, du brevet d'invention dont j'étais revêtu, au mépris d'un arrêt de l'Assemblée nationale, y fut publié avec une sorte de priorité. Parmi les auteurs qui obtinrent des récompenses, celui qui obtint le moins eut cependant une somme de 10 000 fr. ; ce fut Malherbe.

François de Neufchâteau, instruit de la justice de mes réclamations et de mon infortune, prit une décision que sa lettre du 9 ventôse an VII, dont je joins ici copie, vous fera connaître.

Je n'ai jamais touché que 600 francs sur cette somme. Le même ministre m'avait nommé, dans le courant de l'an, membre du conseil de conservation, dans lequel deux places vaquaient alors ; mais son successeur céda à des intrigues qui se sont opposées à mon installation et fit remplir ma place par un autre.

Les copies de deux lettres de Quinette vous feront aussi connaître les dispositions et l'état de la première affaire pendant son administration.

A votre arrivée au ministère, j'ai eu l'honneur de vous adresser une pétition, et, le 2 de ce mois, vous m'avez fait celui de me répondre qu'il n'existait aucuns fonds pour l'arriéré des années VII et VIII, et qu'aussitôt que ceux qui étaient demandés seraient faits, vous vous occuperiez de ma réclamation. Il est pénible d'avoir à parler de soi, mais il est des cas où la modestie a trop d'inconvénients, puisqu'elle pourrait nuire à des enfants déjà malheureux et auxquels nous devons tous nos soins. J'ai servi mon pays, si ce n'est avec une grande dose de lumière, c'est avec le zèle et tous les efforts dont j'étais capable, et il est aisé de voir que je ne me suis jamais occupé de ma fortune particulière. Six fois j'ai été nommé à l'administration du département; j'ai été nommé membre des commissions des hôpitaux, de la commission temporaire des arts et métiers, pendant tout le temps que ces deux autorités constituées ont existé; membre de l'agence des poudres et salpêtres; nommé à la représentation nationale en l'an VI, commissaire du gouvernement dans plusieurs occasions, notamment dans les départements du Tarn et de l'Aveyron où, sous une réquisition du Comité de Salut public, j'ai passé treize mois dans la plus grande gêne. J'étais aux frais du concessionnaire des mines que vous connaissez, et le résultat a été ma ruine entière. Morlhon est condamné à me payer 5000 francs que je ne toucherai jamais, à moins que quelque autorité bienveillante voulût s'en mêler.

La condamnation de d'Orléans a donné lieu à un séquestre qui subsiste encore et qui a paralysé la manufacture de soude que j'avais établie à Franciade, et dont l'importance vous est bien connue.

Voilà, citoyen ministre, un aperçu général que je vous prie de me pardonner. Je suis sans place et sans aucun moyen d'existence, et je ne crois pas avoir jamais mérité un pareil sort. J'ai touché les 300 francs que votre humanité a bien voulu me faire recevoir.

Il y a bien des choses à retenir de cette lettre navrante et cependant si sobre. L'Assemblée nationale avait donc voulu que le secret sur le procédé Leblanc fût gardé. Pourquoi le Comité de salut public le fit-il publier ? Comment se fait-il que des rapporteurs comme Darcet, qui était l'ami de Leblanc, qui connaissait son procédé de longue date, consentirent à introduire dans leur rapport ce qui devait rester la propriété de la nation, ainsi que l'avait voulu l'Assemblée nationale? On ne peut que se livrer à des suppositions. Mais il faut croire qu'il est intervenu dans cette affaire des intérêts peu respectables qui sont parvenus à fausser le jugement et l'opinion des membres du Comité de Salut public.

Le second point à retenir, c'est la récompense de 10 000 francs donnée à Malherbe. Le procédé du père Malherbe avait certainement de la valeur ; et il est probable que, sans la découverte de Leblanc, il serait devenu, pour quelque temps du moins, le procédé universel de l'industrie de la soude, car, repris en 1855 par Émile Kopp, il a été exploité sur une grande échelle et pendant plusieurs années dans l'usine de M. Blyte, en Angleterre. Mais le procédé de Leblanc lui était supérieur ; cependant Malherbe a été récompensé, tandis que l'infortuné Leblanc n'a rien obtenu.

Enfin la misère de Leblanc était tellement grande qu'il se trouva heureux de recevoir « de l'humanité de Chaptal » une somme de 300 francs.

Il me semble qu'il n'y a rien à ajouter à ce triste aveu.

En 1801, Leblanc, par un arrêté du ministre des finances, est remis en possession provisoire de la fabrique de Saint-Denis, après dix années entières perdues pour tout le monde. Il pouvait y reprendre le travail, quoique l'usine, par suite du séquestre mis sur les biens de d'Orléans, restât propriété provisoire de la nation. — Il fallait des fonds, et il n'en avait pas. — Il s'adressa à Shée et à Dizé, ses anciens associés; mais ceux-ci étaient en place, le premier au conseil d'État, et le second comme pharmacien en chef des hôpitaux, ils n'étaient pas disposés à se lancer dans une aventure industrielle; il s'adressa à des bailleurs de fonds tout en procédant à la liquidation de l'ancienne société vis-à-vis de l'État auquel il avait à réclamer une indemnité pour les ustensiles et marchandises que l'État avait vendus et qui avaient appartenu à l'ancienne société. Il se passa ainsi quelques années au bout desquelles Leblanc, dont la détresse grandissait, et que l'impuissance de sortir de cette terrible situation rendait désespéré, après avoir fait maintes démarches nouvelles auprès du gouvernement et obtenu enfin, en 1805, une décision du tribunal de la Seine qui lui attribuait à titre d'indemnité une somme de 52 000 francs dix fois insuffisante, et qui, jamais, ne lui a été payée par aucun gouvernement, Leblanc, dis-je, découragé, se donna la mort le 16 janvier 1806, en se tirant un coup de pistolet. Le suicide est venu terminer la carrière d'un Français, auteur d'une des plus glorieuses découvertes de l'industrie dont il avait fait le généreux abandon à la nation, après une vie consacrée tout entière au service de la patrie, et, comme il l'avait dit lui-même, avec sa noble simplicité, sans qu'il se fût jamais occupé de sa fortune personnelle.

Le procédé de Nicolas Leblanc consiste, comme vous le savez certainement, à calciner un mélange de sulfate de soude, de craie et de charbon. Le produit de la calcination est une substance dont la composition est restée inconnue pendant longtemps, mais qui donne, lorsqu'on la traite par l'eau, une dissolution alcaline de soude, renfermant, à peu de chose près, et à l'état alcalin, tout le sodium du sulfate de soude, tandis que le calcium se retrouve dans le résidu insoluble.

Lorsque l'Académie des sciences, en 1787, attira, par la fondation d'un prix, l'attention des chercheurs sur l'extraction de la soude du sel marin, Leblanc comprit sans doute que les propriétés chimiques du chlorure de sodium lui interdisaient de songer à sa transformation directe, ou du moins risquaient de lui rendre plus difficile la découverte à l'étude de laquelle il s'attachait. Il ne fit du reste qu'entrer dans la voie ouverte en 1777 par le père Malherbe et suivie ensuite par la majorité des concurrents pour le prix de 1787. Le père Malherbe, dont je vous parlais il y a quelques instants, avait eu l'idée de calciner un mélange de sulfate de soude, d'oxyde de fer et de charbon. Par ce procédé on obtient une masse noire dont l'eau extrait de la soude alcaline, et il reste un résidu insoluble de sulfure de fer. Ce procédé, repris et perfectionné par M. Kopp en 1855, a été employé par M. Blyte en Angleterre, où je l'ai vu mis en œuvre. La soude obtenue était de très bonne qualité; mais les rendements étaient médiocres, parce que, malgré des lavages réitérés, le sulfure de fer retenait, sans doute à l'état de combinaison, des quantités importantes de sodium. Mais il me semble que, si le procédé Leblanc n'était pas apparu, celui du père Malherbe aurait eu un avenir.

En 1789, de la Métherie, poursuivant le même but, recommandait la calcination d'un mélange de sulfate de soude et de charbon qu'il traitait ensuite par l'acide acétique, et il calcinait l'acétate de soude pour le transformer en carbonate. Ce procédé était trop coûteux, l'acide acétique étant perdu.

Enfin Leblanc, dans la même année, eut l'idée d'ajouter de la craie au mélange précédent, ce qui changea toute la réaction, car il obtint directement le carbonate de soude. Son brevet, pris en 1791, par

conséquent après deux années d'expériences, indique,
fait remarquable, les proportions des matières premières telles qu'elles sont employées aujourd'hui encore. Le procédé a été constitué d'un jet : il n'a plus
varié que dans les questions de détail. Chose non
moins remarquable : la théorie de ce procédé est restée
ignorée, malgré bien des recherches, jusqu'à l'année
1864, et cependant elle est des moins compliquées ;
peut-être est-ce pour cette raison, car les chimistes se
sont perdus dans la recherche.

Quelle est la composition de la soude brute, c'est-
à-dire de la substance gris noirâtre qui provient de la
calcination du sulfate de soude, de la craie et du charbon ? Berzélius, le premier, hasarda une hypothèse ;
la connaissance profonde qu'il avait des propriétés des
substances employées et des substances obtenues le
mit sur les traces de la vérité. Il dit : il se forme du
sulfure de calcium peu soluble dans l'eau et du carbonate de soude dont l'acide carbonique est fourni
par la réduction du sulfate. La première partie de son
hypothèse répondait à la vérité, la seconde était erronée; mais tous les chimistes qui, depuis Berzélius, se
sont occupés de cette question ont accepté l'erreur et
repoussé la première partie, c'est-à-dire la vérité.

Thénard, ne connaissant pas le peu de solubilité du
sulfure de calcium, fit l'hypothèse d'un composé de
sulfure uni à la chaux. Dumas, développant cette erreur, toujours à l'état hypothétique, disait que le sulfate de soude et la craie se transforment mutuellement
par double décomposition, et que le sulfate de chaux
une fois formé se transforme en sulfure qui forme avec
l'excès de chaux un oxysulfure insoluble. Une fois
l'oxysulfure inventé, tout le monde se jette dans cette
voie. Et cependant l'hypothèse de Dumas était de tous
points erronée. Il n'y a pas de décomposition entre le
sulfate de soude et la craie lorsqu'on les calcine seuls,

et il n'existe pas d'oxysulfure dans la soude brute.

Gmelin admet aussi l'oxysulfure ; mais où il tombe juste, c'est quand il dit qu'une fois le sulfure de sodium formé, il y a double décomposition entre celui-ci et la craie.

Jusque-là, tout est hypothèse ; les expériences manquent. C'est M. Unger, en 1847, qui a fait et publié les premiers essais destinés à nous éclairer. Malheureusement M. Unger s'est heurté, dès le commencement, à une difficulté qu'il a cherché à tourner au lieu de la vaincre. Il n'a jamais réussi à produire de la soude dans des creusets ; il a donc fait intervenir dans ses équations les produits gazeux de la combustion, leur humidité et donné une théorie d'une complication qui n'a aucun rapport avec la vérité.

M. Kynaston, se basant sur des analyses de résidus ou marcs de soude, a supposé, sans raison, que le calcium s'y trouve à l'état de carbonate et sulfure combinés à l'état insoluble.

Mais c'est M. Gossage qui, en 1861, s'est affranchi, le premier, de cette idée d'un composé oxysulfuré insoluble, et qui a tant retardé la connaissance de la théorie vraie. Il prétend, avec raison, comme le pensait Berzélius, que le sulfure de calcium est suffisamment insoluble pour qu'il soit inutile de recourir à la formation de composés hypothétiques. Enfin, comme la présence d'une certaine quantité de soude caustique dans les dissolutions de la soude brute avait été la cause de grandes erreurs dans les travaux des chimistes qui l'avaient précédé, M. Gossage admit que cette soude caustique se forme pendant la dissolution de la soude brute dans l'eau, ce qui est aussi parfaitement établi aujourd'hui. Les deux hypothèses de M. Gossage (car ce n'étaient que des hypothèses, M. Gossage ne les ayant pas appuyées d'expériences) ont été confirmées par les expériences postérieures.

Tel était l'état de la question concernant la théorie de la préparation de la soude brute en 1862, lorsque j'entrepris de l'étudier afin de la faire sortir des incertitudes. Il est toujours plus facile de démontrer une vérité nouvelle, qui n'a jamais été ni combattue ni contestée, que de réfuter des théories erronées pour leur substituer la vérité. Je le sentis bien. Le plus difficile ne fut pas d'établir ce qui se passe dans le four à soude et ce que devient la soude brute lorsqu'on la traite par l'eau ; la tâche la plus ardue était de redresser des erreurs longtemps admises, et de faire tomber des idées préconçues, devant des faits assez nombreux et assez probants pour emporter la conviction de tous. Lorsque je publiai mes recherches, je trouvai un contradicteur dans Émile Kopp ; mais Pelouze, ayant répété quelques-unes de mes expériences, me donna raison ; depuis cette époque, la théorie de la soude est établie.

Une difficulté contre laquelle se sont heurtés plusieurs chimistes, c'est l'impossibilité dans laquelle ils se sont trouvés de fabriquer de la soude dans des creusets. Au lieu de chercher la cause de cet insuccès, ils ont déclaré que les gaz provenant du foyer de la combustion et qui passent sur la soude brute pendant sa préparation doivent intervenir dans la réaction. Mais grande était leur erreur. Ils oubliaient ou ignoraient que les premières expériences de Leblanc lui-même ont été faites dans des creusets. Voici, en effet, comment il décrit l'opération dans le paquet cacheté qu'il avait déposé, le 27 mars 1790, chez le notaire Brichard.

On prend une quantité donnée de sel de Glauber, la moitié de son poids de craie et le quart du poids de ce même sel de charbon en poudre ; le tout bien mêlé et pulvérisé ; on le met dans des creusets, etc.

En répétant l'expérience, de Leblanc telle qu'il la décrit, on obtient le résultat qu'il annonçait, parce que les proportions des matières premières sont convenables. Mais plus tard, ayant reconnu à l'expérience que l'emploi des fours à réverbère est plus avantageux que celui des creusets, il dut modifier les proportions, et, dans son brevet du 25 septembre 1791, il indique les suivantes, qui, depuis lors et jusqu'à ce jour, n'ont que peu ou point varié :

Sel de Glauber.	100 livres.
Terre calcaire pure.	100 —
Charbon en poudre.	50 —

Eh bien, si l'on prend ces proportions de matières, on échoue absolument dans les creusets, qui fournissent un mélange n'ayant aucun rapport avec la soude brute.

L'explication en est très simple. Lorsqu'on opère dans des fours à réverbère, le charbon destiné à opérer la réduction du sulfate de soude, exposé à la flamme directe du foyer, se consume partiellement, sans effet sur le sulfate ; il est donc nécessaire, pour obtenir la réduction complète du sulfate et sa transformation en sulfure, d'ajouter au mélange étalé sur la sole du four un excès considérable de charbon. Le brassage de la matière en fusion met en contact les particules des corps divers dont est composé le mélange. Dans les creusets, les choses se passent différemment. Il faut réduire considérablement la dose du charbon, sans quoi la masse reste infusible et inerte ; les particules charbonneuses empêchent le mélange des matières de se faire, et, comme il n'y a pas de brassage, la craie ne peut agir sur le sulfure de sodium formé. Lorsqu'on réduit le charbon aux proportions voulues, l'opération dans les creusets donne le résultat cherché. C'est ce

que Leblanc lui-même avait déjà observé, puisqu'il
indique 50 livres de charbon sur 100 livres de sulfate
pour les opérations faites dans le four à réverbère et
seulement 25 livres, c'est-à-dire la moitié, pour celles
faites dans des creusets. Mais les chimistes qui ont
échoué en employant les creusets avaient négligé
d'observer cette différence.

En démontrant que la soude brute peut être produite dans des creusets, et en rappelant, en 1864, que
Leblanc a fait sa découverte en se servant de creusets,
j'ai démontré que l'intervention des gaz du foyer dans
la réaction n'existe pas, et que cette dernière est due
uniquement au contact des particules matérielles en
présence. Ainsi tombait la théorie compliquée d'Unger,
déduite d'un travail considérable, mais où les déduc-
tions d'expériences nombreuses, exactes, minutieuses,
ont été faussées par une idée préconçue et absolument
erronée. Comme tous les chimistes, M. Unger croyait
à l'existence, dans la soude brute, d'un oxysulfure de
calcium insoluble, et, comme eux, il cherchait, par
des analyses, à découvrir le secret de si mystérieuses
réactions. Lorsqu'on traite la soude brute par l'eau, la
dissolution obtenue renferme de la soude caustique.
Comment se forme cette soude caustique dans le four
à soude, se demandait-on? Et les théories les plus
étranges naissaient de cette observation mal faite.
De la présence de la soude caustique dans la dissolution, on concluait à l'existence de la soude caustique,
sans doute anhydre, dans la soude brute. Toutes les
analyses de cette époque, qui ont précédé la publication de mon mémoire de 1864, celles d'Unger, Mus-
pratt, Richardson, Brown, Stohmann, etc., font figurer
l'hydrate ou l'oxyde de sodium parmi les éléments
constitutifs de la soude brute. Ce n'est qu'après la publicité donnée à mes expériences qu'on a renoncé à
cette erreur. Gossage avait bien dit, avec une heureuse

prévision, que la soude caustique ne préexistait pas dans la soude brute ; mais comme son opinion n'était appuyée que par une expérience qui ne prouvait rien, elle resta sans effet.

Si l'on enlève aux anciennes idées qui ont régné sur les réactions du four à soude les deux erreurs sur lesquelles elles ont vécu pendant si longtemps, à savoir l'hypothèse d'un oxysulfure de calcium insoluble et celle de l'existence de l'oxyde de sodium ou de l'hydrate, les faits se présentent aux yeux du chimiste avec une telle simplicité que la théorie en découle presque sans efforts. C'est ce que mes expériences de 1864 ont mis hors de doute. J'ai démontré, en effet, que la réaction du sulfate de soude sur la craie et le charbon donne d'abord du sulfure de sodium, qui, par double décomposition avec la craie, donne naissance, molécule pour molécule, à du carbonate de soude et à du sulfure de calcium. La soude brute se compose donc essentiellement d'un mélange de carbonate de soude et de sulfure de calcium, d'où l'eau extrait le premier sel, le second y étant presque insoluble. Quant à la soude caustique qui se rencontre dans la dissolution, elle provient tout simplement de l'action du carbonate de soude, au sein de l'eau, sur la chaux, provenant elle-même de l'excès de craie que, suivant les indications de Leblanc, on emploie toujours. Cet excès de craie est ajouté au mélange parce qu'il a une influence heureuse sur la pureté et sur la coloration du sel de soude, d'abord en augmentant dans le four à soude les points de contact du sulfure de sodium avec la craie, et ensuite en produisant de la soude caustique, dont la présence dans les liquides retarde la réaction ultérieure du carbonate de soude dissous sur le sulfure de calcium ; c'est M. Kolb qui a établi ce dernier point. Si l'emploi d'un excès de calcaire est favorable à la qualité du produit, il n'en est pas de même pour la quantité, car des expériences que j'ai fait connaître en 1872 ont établi que les pertes de sodium éprouvées pendant la préparation de la soude par le procédé Leblanc sont proportionnelles à l'excès de calcaire employé, c'est-à-dire à la chaux caustique de la soude brute, parce qu'il se forme un composé insoluble renfermant du sodium, du calcium et de l'acide carbonique, et qui reste mélangé au sulfure de calcium impur de la charrée de soude.

Le procédé Leblanc a été la cause de bien des découvertes utiles à l'industrie. Je vous ai déjà parlé de la fabrication de l'acide sulfurique, née de la nécessité de transformer préalablement le chlorure de sodium en sulfate. Mais cette première opération elle-même a été féconde en résultats, par la production de l'acide chlorhydrique qui n'a pas tardé à être transformé en chlore et à devenir une matière première des plus précieuses dans une foule d'emplois industriels. Cet acide, d'un prix très élevé avant l'invention de Leblanc, est tombé, par suite de cette découverte, à des prix excessivement bas, car il n'est qu'un sous-produit dont les fabricants ont même souvent été embarrassés. Il n'y a pas bien longtemps, il existait des usines qui, fabriquant la soude Leblanc, perdaient en partie ou en totalité l'acide chlorhydrique produit par la décomposition du chlorure de sodium. Mais les circonstances actuelles ont changé les conditions dans lesquelles se trouvaient ces usines. La concurrence du sel de soude, dit à *l'ammoniaque,* qui a fait baisser de moitié le prix du sel de soude, ne permet plus aux fabricants anciens de maintenir leur fabrication sans compter l'acide chlorhydrique pour une certaine valeur; car le prix de revient du sel de soude dépend de la valeur attribuée à son sous-produit chloré. Mais il est évident que cette valeur est ou sera déterminée par l'exercice de l'offre

et de la demande. Le chlorure de sodium, quel que
soit le procédé mis en usage pour le transformer en
soude, est la source naturelle et, pour ainsi dire,
unique du sodium; il ne fournit jusqu'à présent, par
l'emploi du procédé dit à l'ammoniaque, que de la soude:
et l'élément chlore est perdu. On a cherché à lui en-
lever cette cause d'infériorité relative, en remplaçant la
chaux par la magnésie dans la décomposition du
chlorhydrate d'ammoniaque, provenant de la décomposition du chlorure de sodium par le bicarbonate
d'ammoniaque; mais jusqu'à présent il n'est pas à ma
connaissance que ces expériences aient été suivies
d'un résultat favorable. Sous ce rapport, le procédé
Leblanc a donc conservé sa supériorité. Néanmoins,
l'établissement des fabriques de soude à l'ammoniaque a gravement compromis l'existence des anciennes
usines. Le prix de l'acide chlorhydrique ne s'est élevé
que dans une mesure insuffisante, et, si son cours actuel se maintient encore pendant quelque temps, il
est probable que nous verrons sinon disparaître, du
moins diminuer encore la production du sel de soude
par le procédé Leblanc. Et cependant la force des
choses amènera le relèvement du prix de cet acide et
des produits chlorés, si l'on ne réussit pas plus à l'avenir qu'on n'a réussi dans le passé à utiliser le chlore
du chlorhydrate d'ammoniaque fourni par le nouveau
procédé. Mais il faut attendre que la production du
sel de soude à l'ammoniaque soit devenue assez considérable, et que celle du sel de soude par le procédé
Leblanc ait assez diminué pour que la différence entre
les besoins de l'élément chlore et sa production soit
renversée à l'avantage du producteur d'acide chlorhydrique. Le retard subi par ce mouvement naturel
et forcé est dû à un fait nouveau, qui s'est produit depuis l'apparition du procédé à l'ammoniaque. La soude
caustique, qui, avant la découverte de l'alizarine arti-

ficielle, avait un débouché assez restreint, a trouvé, depuis une quinzaine d'années, un emploi des plus considérables. Bien des fabriques, en Angleterre d'abord, puis en Allemagne, qui produisaient exclusivement du sel de soude, se sont transformées en fabriques de soude caustique, en sorte que le procédé Leblanc est devenu aussi précieux pour la préparation de ce corps qu'il l'avait été pour la préparation du sel de soude. Pour la soude caustique, la concurrence du procédé à l'ammoniaque n'existant pas, les prix de ce produit se sont maintenus à un taux assez élevé pour permettre au fabricant d'attribuer à l'élément chlore une valeur peu considérable. Il en est résulté, pour les fabricants de sel de soude par le procédé Leblanc, une situation des plus critiques. Ils ont eu, d'un côté, pour le sel de soude, la concurrence du procédé à l'ammoniaque, et pour l'acide chlorhydrique et les produits chlorés celle des fabriques de soude caustique. Le maintien de l'emploi du procédé Leblanc pour la préparation de la soude caustique paraît assuré, mais son maintien pour la préparation du sel de soude est plus problématique.

La question est de savoir si le développement de l'emploi de la soude caustique deviendra suffisant pour que sa production balance les besoins de l'acide chlorhydrique et des produits chlorés. Dans ce cas, il n'y aurait plus que deux espèces d'usines à soude : les unes produiraient exclusivement le sel de soude, et les autres la soude caustique avec ses sous-produits renfermant l'élément chlore. Jusqu'à présent, les besoins de l'industrie en soude caustique sont loin d'atteindre l'équivalence de ses besoins en produits renfermant du chlore; en sorte que, pendant un temps plus ou moins long, on continuera, malgré le procédé à l'ammoniaque, à fabriquer du sel de soude par le procédé Leblanc. Seulement il faudra, pour que les anciennes fabrications puissent subsister, que les prix de l'acide chlorhydrique et du chlore soient considérablement augmentés, afin de faire descendre d'autant le prix de revient du sel de soude. La rareté de l'acide et du chlorure de chaux amèneront forcément cette conséquence. On compte généralement que, par l'emploi du procédé Leblanc, on obtient pour une partie de sel de soude deux parties d'acide chlorhydrique à 20° Baumé. Si le prix coûtant du sel de soude à l'ammoniaque est, dans les conditions actuelles, de 5 francs par 100 kilogrammes au-dessous du prix coûtant du sel Leblanc, il arrivera forcément, un jour ou l'autre, que le prix de vente de l'acide chlorhydrique s'élèvera de 2 fr. 50 par 100 kilogrammes et le chlorure de chaux de 7 francs.

En résumé, tant que l'on n'aura pas trouvé le moyen de tirer parti de l'élément chlore du chlorure de sodium employé pour la fabrication du sel de soude à l'ammoniaque, le procédé Leblanc subsistera, et nous lui serons encore redevables de fournir à la consommation du monde le chlore dont il a besoin.

Je ne m'étendrai pas sur les divers perfectionnements, d'ordre surtout mécanique, qui ont été apportés au procédé Leblanc, notamment par l'emploi des fours tournants, et je me bornerai à mentionner les efforts qui ont été faits pour utiliser les résidus de cette fabrication, si encombrants, et qui emportent avec eux, en pure perte, tout le soufre de l'acide sulfurique que renfermait le sulfate de soude employé. On a trouvé le moyen d'extraire une partie de ce soufre en traitant par l'acide chlorhydrique les marcs de soude, préalablement modifiés par une transformation moléculaire qui s'opère au sein de leur masse lorsqu'on les laisse entassés pendant quelques semaines et à l'abri de l'air. La matière ainsi transformée s'échauffe lorsqu'on la met en contact avec l'air, et, lessivée, fournit un mélange de polysulfures et d'hyposulfites qui. traité par l'acide chlorhydrique, fournit un abondant dépôt de soufre.

Les progrès principaux dans cette branche de la fabrication de la soude sont dus à M. Schaffner; mais c'est M. Buff qui, le premier, a eu l'idée d'une pareille application. L'extraction du soufre des résidus de soude par l'acide chlorhydrique n'est pas appelée à un long avenir. L'abaissement constant du prix du soufre dans la pyrite et l'augmentation probable du prix de l'acide chlorhydrique ne tarderont pas à la rendre désavantageuse. Il en serait autrement si le nouveau procédé de M. Schaffner, modifié par M. Chance, donnait des résultats favorables. Dans ce procédé, l'acide chlorhydrique est remplacé par le chlorure de magnésium, et c'est le même chlore qui sert indéfiniment en faisant la navette entre le calcium et le magnésium.

D'après M. Weldon, dont le nom est intimement attaché à l'emploi du procédé Leblanc, car on lui doit la régénération du manganèse, on aurait produit en Europe, pendant l'année 1882, 545 millions de kilogrammes de sel de soude par le procédé Leblanc, et 162 millions par le procédé à l'ammoniaque, soit déjà plus du quart de la consommation totale.

En France, la proportion est renversée; on y fabrique plus de sel de soude à l'ammoniaque que de sel de soude Leblanc. En 1881, la France a produit 93 millions de kilogrammes du premier et seulement 50 millions du second. Il est certain que la production du sel de soude Leblanc a déjà considérablement diminué en France, tandis que celle du produit à l'ammoniaque s'est développée d'une manière extraordinaire. Le bas prix de ce produit en a doublé la consommation dans l'espace de quinze années; car l'emploi du sel pour la fabrication de la soude qui, en 1869, était de 100 000 tonnes, déduction faite de la consommation de l'Alsace-

Lorraine, est monté en 1883 à 200 000. C'est certainement un grand bienfait dû à l'installation du nouveau
procédé. Il est remarquable de constater que, pendant
que cette augmentation de production avait lieu chez
nous, nos importations et nos exportations en soude
n'ont varié que d'une manière insignifiante, en sorte
qu'elle doit être attribuée tout entière à une plus
grande consommation. Je constate, du reste, avec une
grande satisfaction que nous produisons, en France,
plus de composés sodiques que n'en produit l'Allemagne. En Allemagne, on n'a consommé pour la fabrication du sel de soude que 122 millions de kilogrammes
de sel en 1880, tandis que, à la même époque, nous en
consommions 173 millions; la différence à notre avantage est assez grande pour mériter une mention.

En terminant cette conférence dont le but était de
vous montrer le rôle rempli, non seulement par un
homme, mais par notre pays, dans la fondation et
le développement de l'une des plus grandes et des
plus utiles des industries modernes, je tiens à constater avec vous que la France a été le berceau du nouveau procédé à l'ammoniaque, comme elle avait été
celui de l'ancien. La découverte du procédé à l'ammoniaque est due à deux savants français. MM. Schlœsing et Rolland en avaient installé l'exploitation à
Puteaux, dès l'année 1856. Mais ils furent, comme
l'avait été Leblanc, dépossédés par suite des exi-
gences de l'État. Leblanc avait dû livrer son secret;
MM. Schlœsing et Rolland furent, pour ainsi dire, ex-
propriés au nom du fisc, représenté par une administration inintelligente et maladroite. C'est l'étranger qui
profita de la fermeture de l'usine de Puteaux, comme
il profita, au commencement du siècle, de la divulga-
tion du procédé de Leblanc. A l'époque où MM. Schlœsing et Rolland commencèrent leur fabrication à

Puteaux, un droit exorbitant de dix francs par 100 kilogrammes pesait sur le sel employé par les fabriques
de soude. Or, par l'emploi du procédé à l'ammoniaque,
on n'utilise guère que la moitié ou les deux tiers du
sel employé ; la portion non utilisée s'écoule avec le
chlorure de calcium. Le fisc n'aurait dû faire payer le
droit énorme que sur le sel vraiment consommé ; mais
jamais il ne voulut se rendre à l'évidence. Sa funeste
obstination nous valut la perte de la nouvelle industrie,
qui, perfectionnée par deux hommes ingénieux, MM. Sol-
vay frères, d'origine belge, ne tarda pas à être installée
en Belgique, et à prospérer dans un pays dont les habitudes fiscales étaient plus libérales que les nôtres.

Les meilleures lois, mal interprétées, appliquées abu-
sivement, risquent souvent de compromettre la prospé-
rité, la réputation et l'avenir du pays. Mettons-nous en
garde contre un zèle excessif qui jure avec les exi-
gences de l'industrie moderne : c'est un vœu qui résume les tristes leçons du passé dont j'ai essayé de vous
présenter ce soir quelques épisodes. En vous y asso-
ciant, vous aurez rempli un devoir sacré, car de son
accomplissement dépendent et la fortune publique
et la fortune privée noblement conquise.

Original en couleur

NF Z 43-120-8

9 782016 141946